Bibliografische Information der Deutschen Nationalbibliothek:

Die Deutsche Bibliothek verzeichnet diese Publikation in der Deutschen National-
bibliografie; detaillierte bibliografische Daten sind im Internet über http://dnb.d-
nb.de/ abrufbar.

Impressum:

Copyright © 2003 GRIN Verlag, Open Publishing GmbH
Druck und Bindung: Books on Demand GmbH, Norderstedt Germany
ISBN: 978-3-668-13936-7

Dieses Buch bei GRIN:

http://www.grin.com/de/e-book/288722/verguetung-nach-vob-grundsatzfragen-
vertragstypen-und-vertragliche-leistung

Dennis Bausch

Vergütung nach VOB. Grundsatzfragen, Vertragstypen und vertragliche Leistung

GRIN Verlag

Vergütung nach VOB. Grundsatzfragen, Vertragstypen und vertragliche Leistung

Vorgelegt von: Dipl.-Ing. Dennis Bausch

<u>Inhalt</u>

1. Grundsatzfragen zur Vergütung

Die vorliegende Arbeit stellt die Grundsatzfragen zur Vergütung dar und stellt verschiedene Vertragstypen vor. Außerdem soll auf die Vertragliche Leistung nach § 2 Nr. 1 VOB/B eingegangen werden.

Ein Vergütungsanspruch entsteht mit Abschluss eines wirksamen Vertrages. Für das Entstehen eines Vergütungsanspruches ist es erforderlich, dass Einigkeit zwischen den Vertragspartnern besteht, dass der Auftragnehmer (AN) bestimmte Leistungen erbringt. Grundsätzlich werden die Vereinbarungen über die für die Herstellung der Leistung geschuldete Vergütung bei Vertragsabschluss, spätestens jedoch vor Beginn der Arbeiten getroffen. Die ordnungsgemäße und pünktliche Erbringung der Leistung ist die Hauptpflicht des AN. Die Vergütung dieser Leistung ist, neben der Pflicht zur Abnahme, die Hauptpflicht des Auftraggebers (AG). Wenn es bei Vertragsabschluss oder vor Ausführungsbeginn unterlassen wurde, eine Vergütung zu vereinbaren, gilt sie als stillschweigend vereinbart, wenn die Herstellung des Werkes den Umständen nach nur gegen eine Vergütung zu erwarten ist.[1] In diesem Fall steht dem AN eine ortsübliche und angemessene Vergütung zu. Diese ist im Zweifelsfall durch das Gericht bzw. den Sachverständigen zu bestimmen. Die Festlegung und die Abrechnung der Vergütung erfolgen dann nach Einheitspreisen.

Für die Vereinbarung einer bestimmten Vergütung hat der AN grundsätzlich die Darlegungs- und Beweislast. Auch nach der Abnahme ändert sich daran nichts.[2] Im Regelfall genügt die Angabe, für welche Leistung die Vergütung verlangt wird und welche Abmachungen dieser Forderung zugrunde liegen. In Ausnahmefällen trägt der AG die Darlegungs- und Beweislast.

Das BGB – Werkvertragsrecht geht in keiner Weise auf die speziellen Bedingungen im Baugeschehen ein. Um diesem misslichen Umstand Abhilfe zu schaffen, wurde von staatlicher Seite die Vergabe- und Vertragsordnung für Bauleistungen (VOB) eingeführt. Die VOB ist das Standardwerk für die Baupraxis. Die nachfolgenden Erläuterungen beschäftigen sich deshalb überwiegend mit den Regelungen der VOB. Die

---

[1] § 632 Abs. 1 BGB
[2] BGH BauR 1995, 91

VOB ist entgegen der weitverbreiteten Meinung weder ein Gesetz, noch eine Rechtsverordnung oder ein Gewohnheitsrecht. Sie besitzt keine Allgemeingültigkeit und muss zwischen den Vertragspartnern wirksam vereinbart werden.

Der Teil A der VOB enthält Allgemeine Bestimmungen für die Vergabe von Bauleistungen und regelt darüber hinaus wichtige Begriffe, die auch für den Teil B von Bedeutung sind. Der öffentliche Auftraggeber muss aufgrund der bestehenden Verwaltungsvorschriften den Teil A der VOB und seine Vergabeformen beachten. Private Auftraggeber sind dagegen nicht an die Einhaltung der Vergabebestimmungen aus dem Teil A der VOB gebunden. Der Teil B der VOB wird als Allgemeine Geschäftsbedingungen für Bauleistungen im Sinne der §§ 305 ff BGB[3] verstanden und muss von den Parteien des Bauvertrages wirksam vereinbart werden, um Vertragsinhalt zu werden. Der Teil C der VOB enthält Allgemeine Technische Vertragsbedingungen für Bauleistungen. Wird der Teil B der VOB Vertragsinhalt, gilt Teil C automatisch als vereinbart.[4]

Der Teil B der VOB unterlag, wenn er nicht im Zuge von individuellen Vereinbarungen wesentlich verändert wurde, nicht einer einzelnen Inhaltskontrolle durch das AGB – Gesetz. Die VOB/B galt bis dahin als „privilegiertes Werk". Im Zuge der Schuldrechtsreform wurde zum 01.01.2002 das AGB – Gesetz abgeschafft und die Regelungen in modifizierter Form ins BGB übernommen. Die Regelungen finden sich jetzt in den §§ 305 ff BGB wieder. Die weitere Privilegierung der VOB/B wurde im Zuge der Schuldrechtsmodernisierung und der Übernahme des AGB – Gesetzes in das BGB nicht eindeutig erklärt. In der Literatur wird zur Zeit heftigst darüber diskutiert, ob die VOB/B als Ganzes überhaupt noch als privilegiertes Werk angesehen werden kann oder ob jetzt aufgrund der geänderten Bestimmungen zur Privilegierung nicht jede einzelne Regelung der VOB/B einer isolierten Inhaltskontrolle unterworfen ist.[5] Wird diese Auffassung vom 7. Senat des BGH bestätigt, würde eine weit reichende Veränderung der VOB/B notwendig. Die einzelnen Bestimmungen der VOB/B müssten dann alle auf den Prüfstand der isolierten Inhaltskontrolle nach den §§ 305 ff BGB.

---

[3] ehemals AGB - Gesetz
[4] § 1 Nr. 1 VOB/B
[5] Quak, ZfBR 2002, 428, Weyer, BauR 2002, 857

Zunächst muss die Rechtssprechung in den nächsten Monaten abgewartet werden, um Klarheit über den Sachverhalt zu erlangen. Die nachfolgenden Ausführungen sind daher auf der Grundlage der „alten" Rechtsprechung verfasst, in der die VOB/B noch als privilegiertes Werk verstanden wird.

1.1   Bausoll - Vertragstypen

a) Bausoll

Das *Bausoll* ist die aus dem Vertrag und seinen Bestandteilen sich ergebende vertraglich geschuldete Leistung. Die Beschreibung des Bausolls liegt im Aufgaben- und Risikobereich des AG. Der AG hat dafür zu sorgen, dass klargestellt wird, was und wie gebaut wird. Unklarheiten und Lücken im Bausoll gehen daher grundsätzlich zu Lasten des AG. Alle Bestandteile des Vertrages beschreiben das Bausoll. Zu den Bestandteilen des Vertrages gehören u.a. die Leistungsbeschreibung, Zeichnungen, Details, aber auch Technische und Allgemeine Vertragsbedingungen. Das Bausoll wird auch durch die Bauumstände beschrieben.

Der AN hat nicht schrankenlos alle Leistungen zu erbringen, die erfolgssichernd sind, sondern lediglich das vertraglich beschriebene Bausoll. Macht der verlangte Erfolg mehr als das Bausoll notwendig, das durch den § 2 Nr. 1 VOB/B trefflich beschrieben wird, ist eine zusätzliche Vergütung gerechtfertigt.

Die Behandlung von geänderten oder zusätzlichen Leistungen und die Antwort auf die Frage nach einer veränderten Vergütung richtet sich danach, ob und in welcher Weise das Bausoll und die vereinbarten Bauumstände die damit geschuldete Leistung zutreffend beschreiben. Das Bausoll stellt den vertraglich beschriebenen Leistungsinhalt dar. Dieser kann sich jedoch vom vertraglich geschuldeten Erfolg unterscheiden. Das Bausoll soll nach prognostischer Einschätzung des Planers lediglich geeignet sein, den Erfolg zu erreichen. Das Bausoll ist auch in der Art und Weise der Beschreibung von der jeweiligen Vertragsform abhängig.

b) Vertragstypen

Die Berechnung der Vergütung bei einem VOB - Vertrag ist von der *Vertragsform* abhängig. Üblicherweise teilt man die verschiedenen

Vertragsformen in Leistungsverträge und Aufwandsverträge ein. Der Einheitspreisvertrag und der Pauschalvertrag sind Leistungsverträge. Die Aufwandsverträge gliedern sich in Stundenlohnvertrag und Selbstkostenerstattungsvertrag.

Der § 5 VOB/A enthält Kriterien für die Wahl der auf die auszuführende Bauleistung zugeschnittenen Vertragsart. Die Einheitspreisverträge sowie die Pauschalverträge werden im Baugeschehen am häufigsten verwendet. Den Selbstkostenerstattungsvertrag findet man heute nur noch selten. Eine neuerliche Vertragsform stellt der GMP – Vertrag (Garantierter Maximal Preis – Vertrag) dar.

Die verschiedenen Vertragstypen beschreiben das Bausoll auf unterschiedliche Art und Weise. Deshalb steht das Bausoll mit den Vertragstypen in einem unmittelbaren Zusammenhang.

c) Einheitspreisvertrag

Die Vergütung beim Einheitspreisvertrag wird auf der Grundlage von positionsbezogenen Leistungsbeschreibungen und der zum Zeitpunkt des Vertragsschlusses angenommenen Mengen (Vordersätze) vorläufig bestimmt. Es wird für jede Position ein Einheitspreis ausgegeben. Dieser Einheitspreis bildet in Verbindung mit der Mengeneinheit durch Multiplikation den Gesamtpreis der Position. Die Summe aller Positionspreise macht dann die vorläufige Auftragssumme aus. Die endgültige Abrechnungssumme bildet sich nach den tatsächlich ausgeführten Leistungen und den daraus resultierenden Mengen. Zur Ermittlung der tatsächlichen Mengen dient das Aufmaß. Der Angebotsendpreis ist meistens keineswegs identisch mit der endgültigen Abrechnungssumme, da die tatsächlich ausgeführten Mengen im Vorfeld einer Baumaßnahme oftmals nicht genau bestimmt werden bzw. werden können.

Die vertraglich vereinbarten Einheitspreise sind grundsätzlich Festpreise. Sie bleiben in ihrer Höhe unverändert, wenn nicht nach den Bestimmungen des § 2 Nr. 3 VOB/B (Mengenänderungen), des § 2 Nr. 5 VOB/B (geänderte Leistung) oder des § 2 Nr. 6 (zusätzliche Leistung) der Einheitspreis verändert wird. Wird der Einheitspreis nachträglich nicht mehr verändert, hat dies zur Folge, dass, ohne eine Regelung zur Lohn- und

Materialpreisgleitung, nach Vertragsschluss eintretende Veränderungen im Lohnniveau sowie bei den Materialpreisen im Risikobereich des AN liegen. Bei größeren Baumaßnahmen, die über einen längeren Zeitraum gehen, ist jedoch die Vereinbarung einer Lohn- und Materialpreisgleitklausel üblich.

Die Beschreibungen der einzelnen Positionen, also die Leistungsbeschreibung und der Einheitspreis im Leistungsverzeichnis, sind verbindlicher Inhalt des Bauvertrages, an den die Vertragspartner gebunden sind. Dies gilt also nicht für Mengenansätze bei einem Einheitspreisvertrag, die nur Richtschnur und Kalkulationsgrundlage sind. Mengenänderungen werden immer bei der Abrechnung des Einheitspreisvertrages berücksichtigt.

Häufig ergeben sich Schwierigkeiten bei der Frage, ob ein Bauvertrag als Pauschal - oder Einheitspreisvertrag anzusehen ist. Man findet nicht selten Verträge, die als Pauschalpreisvertrag gekennzeichnet sind, in denen aber zugleich vorgesehen ist, dass die Abrechnung der Leistung nach den tatsächlichen Mengen erfolgen soll. Eine derartige Vereinbarung steht im Widerspruch zum Wesen des Pauschalpreisvertrages, da bei diesem kein Aufmaß notwendig ist. Im Zweifelsfall werden solche Verträge von der Rechtsprechung als Einheitspreisverträge behandelt, wobei dann ein eventuell gewährter Nachlass auf die Einheitspreise prozentual umgelegt werden muss.

Ein sehr wichtiger Punkt beim Einheitspreisvertrag ist das gemeinsame Aufmaß. Wurde ein Einheitspreisvertrag vereinbart, sollte von beiden Vertragspartnern Wert auf ein gemeinsames Aufmaß gelegt werden.[6] Häufig wird die gemeinsame Erstellung eines Aufmasses vergessen, was dann im Nachhinein zu Streitigkeiten zwischen den Vertragspartnern führen kann. Derartige Auseinandersetzungen sind oft mit einem Nachteil für den AN verbunden, da er die Beweislast für den Umfang der ausgeführten Leistung hat.

d) Pauschalvertrag

Die Vergütung bei den Pauschalverträgen erfolgt mit Hilfe einer so genannten Pauschalen. Diese Pauschale wird auf der Grundlage der Vertragsunterlagen erstellt und bildet den Festpreis für die Leistung, wie sie

---

[6] § 14 Nr. 2 VOB/B

durch den Vertrag und seine Bestandteile festgelegt ist. Als Vertragspreis ist nicht ein Einheitspreis maßgebend, ebenso auch nicht der Positionspreis des zum Vertrag gewordenen Leistungsverzeichnisses, sondern allein und ausschließlich der vertraglich vereinbarte Pauschalpreis. Grundsätzlich ist der Pauschalpreis unabhängig von der tatsächlich erbrachten Gesamtleistung, insbesondere von den im Vordersatz des Leistungsverzeichnisses aufgeführten Mengenangaben und den dazugehörigen Einheitspreisen. Die beauftragte Leistung ist unabhängig von den tatsächlichen Mengen durch die Pauschale zu vergüten. Das Mengenrisiko trägt bei einem Pauschalvertrag stets der AN.

Die Ansprüche auf eine Veränderung der Vergütung beim Pauschalvertrag werden durch den § 2 Nr. 7 VOB/B geregelt. Dieser sieht vor, dass die §§ 2 Nr. 4, Nr. 5, Nr. 6 VOB/B unberührt bleiben, also angewendet werden können.

Die Pauschalverträge unterscheidet man in Global-Pauschalverträge und in Detail-Pauschalverträge. Der Unterschied zwischen den Vertragsformen liegt in der Art der Leistungsbeschreibung. Beim Global-Pauschalvertrag dient eine globale, also nicht detaillierte Leistungsbeschreibung (Funktionale Leistungsbeschreibung) zur Beschreibung des Bausolls. Dem Detail-Pauschalvertrag liegt dementsprechend eine detaillierte Leistungsbeschreibung zu Grunde.

Die Differenzierung der Pauschalpreisverträge in Global- und Detailpauschalvertrag ist jedoch mit Vorsicht zu betrachten, da in der Praxis sehr oft Mischverträge aus Detail- und Globalpauschalvereinbarungen entstehen. Im Zweifelsfall bedürfen die Fragen des Leistungsinhaltes sowie der Nachtragsfähigkeit einer genauen Prüfung im Einzelfall. Maßgebend für die Bestimmung des Leistungsinhaltes bleibt auch beim Pauschalvertrag die Leistungsbeschreibung.[7]

aa) Detail-Pauschalvertrag

Die Leistungsbeschreibung beim Detail-Pauschalvertrag ist im „Schulfall" ein komplettes Leistungsverzeichnis wie beim Einheitspreisvertrag, wobei die einzelnen Leistungen in Positionen genau beschrieben sind. Die Vertragspartner orientieren sich in diesen Fällen am Einheitspreisvertrag,

---

[7] OLG Koblenz, BauR 1997, 143

wollen aber anschließend eine Pauschalvergütung vereinbaren. Die Vereinbarung einer Pauschalen muss eindeutig von beiden Vertragspartnern erklärt werden. Schwierigkeiten können dann entstehen, wenn ein Bieter mit Hilfe eines detaillierten Leistungsverzeichnisses auf der Basis der Einheitspreise ein Angebot abgibt und die Parteien dann nur noch über den Angebotsendpreis verhandeln. Wird in einem derartigen Fall nicht eindeutig ein Pauschalpreis vereinbart, so ist weiterhin von einem Einheitspreisvertrag auszugehen.

Im Falle des Detailpauschalvertrages trägt der AN grundsätzlich nur das Mengenrisiko, nicht jedoch das Risiko unklarer Leistungsermittlung bzw. qualitativer Abweichung von der dem Pauschalvertrag zugrunde liegenden Planung. Der AN muss nur das bauen, was auch in der detaillierten Leistungsbeschreibung enthalten ist. So genannte angehängte Komplettheitsklauseln sind bei diesem Vertragstyp nach den Regelungen der §§ 305 ff BGB[8] unwirksam.

bb) Global-Pauschalvertrag

Kennzeichnend für den Global-Pauschalvertrages ist, dass die Leistungen nicht so detailliert beschrieben werden wie bei einem Detailpauschalvertrag. Meist erfolgt die Ausschreibung nur über eine funktionale Leistungsbeschreibung oder eine Baubeschreibung, die im Wesentlichen durch erfolgsbezogene Vorgaben die Leistung allgemein beschreibt. Der AN trägt in diesen Fällen nicht nur das Mengenrisiko, sondern auch das Risiko der Leistungserfüllung in qualitativer Hinsicht.

Bei solchen funktionalen Leistungsbeschreibungen gibt der AG nur Vorgaben hinsichtlich der Leistung, der gewünschten Funktion und der technischen Standards. Er überlässt jedoch dem AN die konkrete Art und Weise der Ausführung.

Die Prüfung der Leistungsbeschreibung durch den AN bei der Angebotserstellung ist deshalb von großer Bedeutung. In baurechtlichen Auseinandersetzungen ist sehr oft die Frage streitig, was nach den vertraglichen Bestimmungen die geschuldete Leistung war.

---

[8] ehemals AGB - Gesetz

Ist beispielsweise im Rahmen einer globalen Leistungsbeschreibung der Fußbodenbelag in einer Hoteleingangshalle nicht näher beschrieben, kann der AN dort nicht einfach einen Teppichboden verlegen. Der AN muss bei einem Globalpauschalvertrag auch den Architektonischen Anforderungen des Gebäudes gerecht werden. In diesem Zusammenhang ist ebenfalls denkbar, dass der AG im Laufe der Baumaßnahme den Leistungsumfang mit einer Anordnung konkretisiert. In einem derartigen Fall muss der AN prüfen, ob die Kronkretisierung durch den AG vom Vertragsinhalt erfasst wird. Häufig ist das jedoch bei einem Globalpauschalvertrag der Fall.

Das Bausoll bei einem Globalpauschalvertrag richtet sich demnach in erster Linie nach der vertraglichen Beschaffenheit. Ebenfalls zum Bausoll des Globalpauschalvertrages gehören die Öffentlich-Rechtlichen Vorschriften, die Funktion der Leistung und die anerkannten Regeln der Technik. Ebenso muss der AN den Architektonischen Anforderungen des Gebäudes gerecht werden.

e) Stundenlohnvertrag

Bauleistungen von geringen Ausmaßen, die überwiegend Lohnkosten enthalten, werden häufig als Stundenlohnvertrag vereinbart. Der Auftragnehmer ist nach seinem tatsächlichen Zeitaufwand zu vergüten.

Stundenlohnpositionen werden in der Praxis oftmals als Regiearbeiten ohne Zuweisung einer besonderen Leistung vereinbart. Stundenlohnarbeiten werden nur vergütet, wenn sie als solche vor ihrem Beginn ausdrücklich vereinbart worden sind.[9] Sie müssen bei Vereinbarung einer bestimmten Leistung zugeordnet werden. Die Stundenlohnarbeiten regelt im Übrigen der § 15 des Teiles B der VOB.

f) Selbstkostenerstattungsvertrag

Der Selbstkostenerstattungsvertrag ist heute nur noch von geringer praktischer Bedeutung. Bei dieser Vertragsform ist ebenfalls die tatsächlich erbrachte Leistung maßgebend. Es wird im Vorfeld vereinbart, wie Löhne, Stoffe, Gerätevorhaltung und andere Kosten einschließlich der Gemeinkosten abgerechnet werden.

---

[9] § 2 Nr. 10 VOB/B

Der Selbstkostenerstattungsvertrag wird angewendet, wenn eine Bauleistung vor Beginn nicht so eindeutig und ausschöpfend bestimmt werden kann, so dass eine reale Preisermittlung nicht möglich ist. Teilweise wird der GMP – Vertrag als Selbstkostenerstattungsvertrag angesehen.[10]

g) GMP – Vertrag (Garantierter Maximal Preis – Vertrag)

Der GMP – Vertrag ist eine neue Vertragsform, den die VOB in dieser Form noch nicht kennt. Bei dieser Vertragsform wird der AN sehr früh in die Planung mit einbezogen. Bei einem annähernd konkretisierten Planungsstand wird ein Maximalpreis kalkuliert und vereinbart. Es wird dann versucht, diesen Maximalpreis durch die Optimierung der fortschreitenden Planung und die gemeinsame Vergabe an Nachunternehmer zu unterschreiten. Der überschüssige Betrag, um den der Maximalpreis unterschritten wird, wird dann zwischen AG und AN aufgeteilt.

Das Modell des GMP – Vertrages bietet einen vernünftigen Ansatz und eine Chance, den Willen der Vertragspartner zu bündeln und diese zur „gemeinsamen" Kostenoptimierung zu bewegen. Da das GMP – Modell zum gegenwärtigen Zeitpunkt in der Praxis noch keine flächendeckende Anwendung findet, ist es für die nachfolgenden Erläuterungen von geringerer Bedeutung.

1.2   Vertragliche Leistung – Regelung des § 2 Nr. 1 VOB/B

§ 2 Nr. 1 VOB/B (Auszug aus der VOB 2002)

Durch die vereinbarten Preise werden alle Leistungen abgegolten, die nach der Leistungsbeschreibung, den Besonderen Vertragsbedingungen, den Zusätzlichen Vertragsbedingungen, den Zusätzlichen Technischen Vertragsbedingungen, den Allgemeinen Technischen Vertragsbedingungen für Bauleistungen und der gewerblichen Verkehrssitte zur vertraglichen

a) Grundsätzliches zum § 2 Nr. 1 VOB/B

Der § 2 Nr. 1 VOB/B beschreibt, welche Bestandteile zur vertraglichen Leistung gehören und durch die vereinbarten Preise abgeholt werden. Eine Unterscheidung zwischen den Vertragsformen wird im § 2 Nr. 1

---

[10] Oberhauser, BauR 2000, 1397, 1401

VOB/B zunächst nicht getroffen. Unabhängig vom Vertragstyp ist zunächst höchster Wert auf das genaue Studium der Leistungsbeschreibung sowie der technischen und rechtlichen Vertragsbedingungen zu legen. Solche Vertragsbedingungen findet man oftmals auch in den Vorbemerkungen der Leistungsverzeichnisse, die man aufmerksam lesen sollte.

Grundsätzlich geht die VOB davon aus, dass die vereinbarte Vergütung alle vertraglichen Leistungen umfasst. Bestandteile des Vertrages sind in erster Linie die Leistungsbeschreibungen. Des Weiteren zählen die Besonderen Vertragsbedingungen, die Zusätzlichen Vertragsbedingungen, die Zusätzlichen Technischen Vertragsbedingungen sowie die Allgemeinen Technischen Vertragsbedingungen dazu. Auch eine Vereinbarung über die Bauzeit ist Vertragsbestandteil, da sie Auswirkungen auf die Preiskalkulation hat.[11] Die gewerbliche Verkehrssitte gehört ebenfalls zur vertraglichen Leistung.

Oftmals wird bei Vertragsverhandlungen ein so genanntes Verhandlungsprotokoll geführt. Dieses Protokoll wird i.d.R. zum Vertragsbestandteil erklärt. Ferner wird in Verträgen häufig vereinbart, dass etwaige Angebotsschreiben mit den darin enthaltenen Hinweisen und Ergänzungen ebenfalls Vertragsbestandteil werden. Auch die Vorbemerkung zu einer Ausschreibung wird zum Vertragsinhalt.

Über all diese Vertragsbestandteile muss der AN gut unterrichtet sein, wenn er einen Bauvertrag, insbesondere einen VOB – Vertrag, abschließt, und dann die Bauleistung auf der Grundlage der VOB ausführen will.

b) Leistungsbeschreibung

Die Beschreibung der Leistung gehört zu den Aufgaben des AG. Er hat klarzustellen, was und wie gebaut werden soll. Die Leistungsbeschreibung ist der Kern eines jeden Bauvertrages. Sie definiert das Bausoll und bildet die Grundlage für die Vergütung. Die Anforderungen an eine Leistungsbeschreibung werden in § 9 der VOB Teil A beschrieben. Der Teil A der VOB wird für gewöhnlich in privaten Rechtsverhältnissen nicht vereinbart, jedoch kann der § 9 VOB/A immer als Auslegungshilfe herangezogen werden. Dieser baut auf den Grundsätzen von Treu und

---

[11] OLG Düsseldorf BauR 1991, 660

Glauben[12] auf und ist deshalb auch ohne Vereinbarung der VOB/A anwendbar.

Zur Leistungsbeschreibung gehören u.a. die Leistungsverzeichnisse, Baubeschreibungen, Zeichnungen und Detailpläne. Diese Bestandteile sind grundsätzlich gleichrangig.
Die meisten Rechtsstreitigkeiten am Bau entstehen aufgrund mangelhafter Leistungsbeschreibungen. Achtzig bis neunzig Prozent aller Bauprozesse würden nicht stattfinden, wenn die Leistungen ausreichend genau beschrieben wären.[13] Der AG bzw. sein Architekt sollte daher größten Wert darauf legen, dass die gewünschte Leistung in einer Art und Weise beschrieben wird, die den Spielraum für Streitigkeiten gering hält.

Die Leistungen sind eindeutig und so erschöpfend zu beschreiben, dass alle Bewerber die Beschreibung im gleichen Sinne verstehen müssen und ihre Preise sicher und ohne umfangreiche Vorarbeiten berechnen können.[14] Diese Regelung aus der VOB ist nur verpflichtend, wenn der Teil A auch vereinbart wurde. Das ist i.d.R. nur bei öffentlichen Auftraggebern der Fall.

Weitere Allgemeine Anforderungen für das Aufstellen von Leistungsverzeichnissen befinden sich im Abschnitt 0 der DIN 18299 (VOB/C).

c) Besondere und Zusätzliche Vertragsbedingungen

Die Allgemeinen Vertragsbedingungen sind in der VOB/B enthalten und können angewendet werden, wenn die VOB/B zwischen den Vertragspartnern explizit vereinbart wird.

Besondere und Zusätzliche Vertragsbedingungen müssen zwischen den Vertragspartnern aufgestellt und vereinbart werden. Greifen derartige Individualvereinbarungen in den Kern der VOB/B ein, unterliegen die einzelnen Paragrafen der VOB einer isolierten Inhaltskontrolle. Die VOB/B ist dann nicht mehr als „Ganzes" vereinbart, was für sämtliche Regelungen des Bauvertrages unkalkulierbare Folgen haben kann.

---

[12] § 242 BGB
[13] Zitat Prof. Dr. Vygen, Richter a. D., OLG Düsseldorf
[14] § 9 Nr. 1 VOB/A

Besondere Vertragsbedingungen (BVB) sind objektabhängig und regeln beispielsweise Vereinbarungen über die Bauzeit oder über die Vertragsstrafe. Diese Bestandteile sollten grundsätzlich in den Besonderen Vertragsbedingungen geregelt werden, weil jede Baustelle in der Regel andere Bauzeiten erfordert und nicht grundsätzlich für jede Baumaßnahme eine Regelung zur Bauzeitüberschreitung getroffen wird.

Die *Zusätzlichen Vertragsbedingungen (ZVB)* sollen die Angaben aus dem Teil B der VOB ergänzen. Der § 10 Nr. 4 VOB/A gibt vor, welche Punkte in den ZVB bzw. BVB geregelt werden sollen. Dies betrifft beispielsweise Regelungen für die Abnahme oder die Sicherheitsleistungen.

Der Auftraggeber kann Besondere und Zusätzliche Vertragsbedingungen selbst aufstellen. Wichtig ist jedoch, dass diese Klauseln nicht unwirksam im Sinne der §§ 305 ff BGB[15] sind.

d) Zusätzliche Technische und Allgemeine Technische Vertragsbedingungen

Die *Allgemeinen Technischen Vertragsbedingungen (ATV)* entsprechen den DIN – Vorschriften des Teiles C der VOB. Sie sind anerkannte Regeln der Technik (a.R.d.T). Die VOB/C wird automatisch Bestandteil des Vertrages, wenn die VOB/B vereinbart wurde.[16] Maßgebend für die rechtliche Beurteilung der a.R.d.T. ist der Zeitpunkt der Abnahme. Die ATV regeln geordnet nach Gewerken z.B. die besonderen Leistungen und die Nebenleistungen sowie Abrechnungs- und Ausführungsbestimmungen.

Die *Zusätzlichen Technischen Vertragsbedingungen* stellen eine Erweiterung der Allgemeinen Technischen Vertragsbedingungen dar. Sie sind nur dann anzuwenden, wenn sie Leistungen definieren sollen, die die ATV nicht enthalten. Dies sind beispielsweise Regelungen zu bestimmten Stoffen, Bauteilen oder zur speziellen Abrechnung mit besonderen Aufmassbestimmungen.

e) Gewerbliche Verkehrssitte

Als gewerbliche Verkehrssitte werden solche Leistungen bezeichnet, die nach Auffassung der betreffenden Fachkreise am Ort der Leistung als mit

---

[15] ehemals AGB – Gesetz
[16] § 1 Nr. 1 VOB/B

zur Bauleistung gehörig zu betrachten sind. Dazu zählen beispielsweise die einschlägigen anerkannten Regeln der Technik sowie der Stand der Technik.

Leistungen aus der gewerblichen Verkehrssitte heraus sind zum Beispiel Lärmschutzmaßnahmen für den Bereich des Betriebes auf der Baustelle, die sich aus einer gesetzlichen Bestimmung oder einer Verwaltungsvorschrift ergeben. Diese Leistungen müssen nicht im LV oder in den einzelnen Vertragsbestandteilen erwähnt sein, gehören aber trotzdem zum Leistungsinhalt und damit zur geschuldeten Leistung.

f) Vertragsklauseln im Sinne der §§ 305 bis 310 BGB (ehemals AGB-Gesetz)

In den nachfolgenden Kapiteln wird des Öfteren auf Bauvertragsklauseln im Sinne der §§ 305 ff BGB (ehemals AGB – Gesetz) eingegangen. Die §§ 305 ff BGB regeln die Gestaltung rechtsgeschäftlicher Schuldverhältnisse durch Allgemeine Geschäftsbedingungen. Allgemeine Geschäftsbedingungen sind alle für eine Vielzahl von Verträgen vorformulierten Vertragsbedingungen, die eine Vertragspartei bei Abschluss eines Vertrages stellt.[17] Nach Meinung des BGH entsteht eine Allgemeine Geschäftsbedingung, wenn eine mindestens dreimalige Verwendung einer Vertragsbedingung vom Verwender beabsichtigt wird.[18]

Aus der Definition der Allgemeinen Geschäftsbedingungen geht hervor, dass Vereinbarungen, wenn sie nicht für eine Vielzahl von Verträgen vorformuliert wurden, nicht als AGB angesehen werden können. Derartige individuelle Vertragsbedingungen unterliegen dann auch keiner Inhaltskontrolle durch den § 307 BGB.[19] Individualvereinbarungen müssen aber zwischen den Vertragspartnern einzeln ausgehandelt und vereinbart werden. Grundsätzlich können Individualvereinbarungen auch einseitige Benachteiligungen für einen Vertragspartner formulieren, jedoch dürfen sie nicht gegen die guten Sitten[20] verstoßen.

Der überwiegende Teil der Vertragsklauseln, die üblicherweise bei der Vertragsgestaltung zu Bauverträgen formuliert werden, sind Allgemeine

---

[17] § 305 Abs. 1 Satz 1 BGB
[18] BGH, Az: VII ZR 318/95
[19] ehemals § 9 AGB - Gesetz
[20] § 138 BGB

Geschäftsbedingungen i.S. der §§ 305 ff BGB. Die in den nachfolgenden Kapiteln zitierten Vertragsklauseln sind sämtlich Allgemeine Geschäftsbedingungen i.S. der §§ 305 ff BGB.

g) Rangfolgenregelung des § 1 Nr. 2 VOB/B

Treten Widersprüche im Vertrag bezüglich der Rangfolge der einzelnen Vertragsbestandteile auf, regelt dies der § 1 Nr. 2 VOB/B. Sollte jedoch im Vertrag die Rangfolge speziell geregelt werden, hat diese Vereinbarung Vorrang vor der allgemeinen Regelung.

Nicht selten treten Widersprüche in den einzelnen Vertragsbedingungen auf. Hier entsteht dann die Frage, welche Regelung nun Gültigkeit hat.

Sehr oft treten in der Praxis Widersprüche zwischen Leistungsbeschreibungen und Zeichnungen auf. Wurden einer Ausschreibung Zeichnungen beigefügt, die als Grundlage der Kalkulation dienen sollen, hat die Positionsbeschreibung Vorrang.[21] Allerdings ist die vorgenannte Entscheidung des OLG Düsseldorf sehr umstritten. Maßgebend für die Abgrenzung bei Widersprüchen zwischen Text und Zeichnung ist vielmehr, welcher Art der Widerspruch ist, um welchen Vertragstyp es sich handelt und was das Ergebnis der Auslegung im Einzelfall unter Zugrundelegung aller Vertragsbestandteile ist. Es ist daher immer empfehlenswert, jeden Fall einzeln zu prüfen und Unklarheiten bereits in der Angebotsphase auszuräumen.

Erhält der AN nach Vertragsabschluss Ausführungszeichnungen, die nicht mit der Leistungsbeschreibung übereinstimmen, stellt dies eine Anordnung des AG dar.[22] Der AN muss die Leistung ausführen, sofern sein Betrieb auf derartige Leistungen eingerichtet ist.[23] Die Anordnung des AG ist die Grundlage für eine Änderung der Vergütung.

Die nachfolgende Abbildung 1 stellt eine gute Übersicht zur Rangfolgenregelung des § 1 Nr. 2 VOB/B dar.

---

[21] OLG Düsseldorf, SFH Z 2.301 Bl. 5 ff
[22] § 1 Nr. 3 VOB/B
[23] § 1 Nr. 4 VOB/B

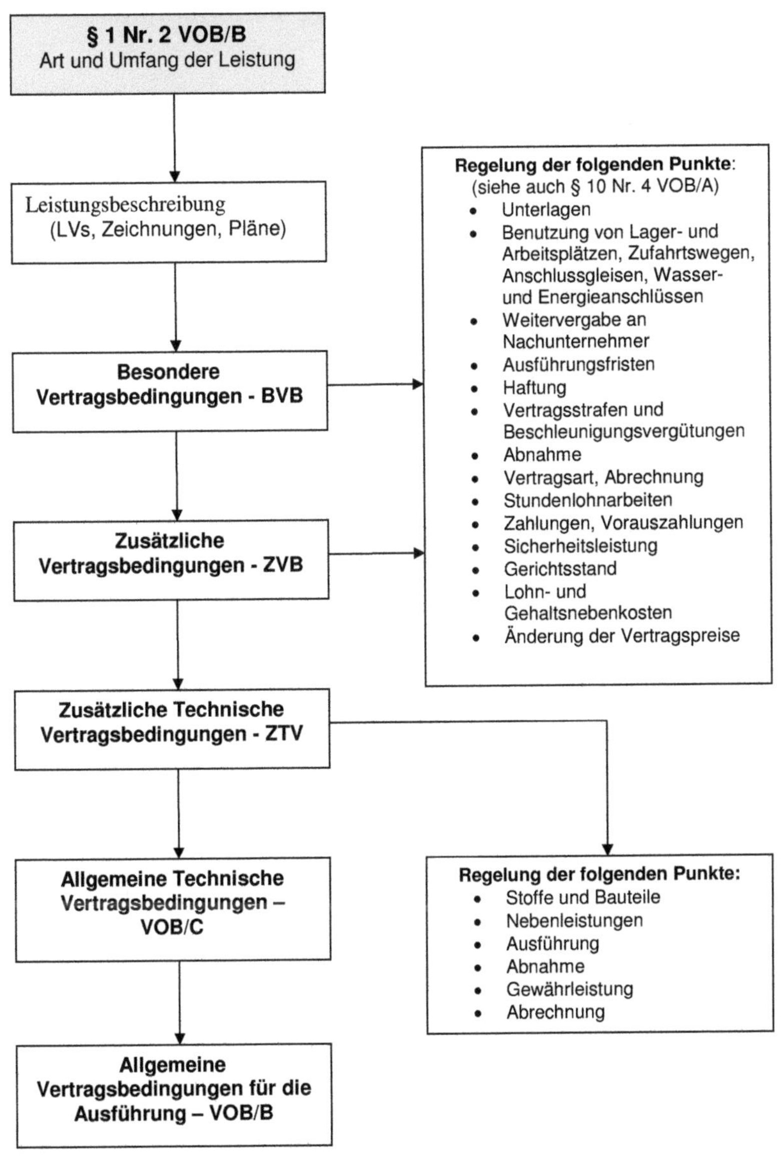

Abbildung 1: Rangfolge der Vertragsbestandteile bei Widersprüchen nach § 1 Nr. 2 VOB/B

2. Literaturverzeichnis (inklusive weiterführender Literatur)

(1)   BAURECHT: Zeitschrift für das gesamte öffentliche und private Baurecht, 1970 ff, Werner Verlag

(2)   BECK'SCHE TEXTAUSGABE: BGB 2002, 3. Auflage, Verlag C.H. Beck

(3)   BIERMANN: Der Bauleiter im Bauunternehmen, 2. Auflage, Verlag Rudolf Müller

(4)   BIRKE-RAUCH: Baurecht für Bauleiter, Praxis Check, Weka Verlag

(5)   BRÜSSEL: Baubetrieb von A bis Z, 3. Auflage, Werner Verlag

(6)   CREIFELDS: Rechtswörterbuch, 15. Auflage, Verlag C.H. Beck

(7)   DIN - DEUTSCHES INSTITUT FÜR NORMUNG: VOB Vergabe- und Vertragsordnung für Bauleistungen, Ausgabe 2002, Beuth Verlag

(8)   ESCHENBRUCH: Recht der Projektsteuerung, Werner Verlag

(9)   FRANKE/KEMPER/ZANNER/GRÜNHAGEN: VOB Kommentar, 1. Auflage, Werner Verlag

(10)   GLATZEL/HOFMANN/FRIKELL: Unwirksame Bauvertragsklauseln nach dem AGB – Gesetz, 9. Auflage, Verlag Ernst Vögel

(11)   GRALLA: Garantierter Maximalpreis, 1. Auflage, Verlag B.G. Teubner

(12)   HELLER: Nachtragsmanagement: Sicherung der Nachtragsvergütung nach VOB und BGB, Zeittechnik – Verlag GmbH

(13)   HERIG: VOB Teile A B C Baupraxis kompakt, 1. Auflage, Werner Verlag

(14)   HOFMANN/FRIKELL: Nachträge am Bau, 3. Auflage, VOB-Verlag Ernst Vögel

(15)   INGENSTAU/KORBIN: VOB Teil A und B Kommentar, 14. Auflage, Werner Verlag

(16)   KAPELLMANN/LANGEN: Einführung in die VOB/B – Basiswissen für die Praxis, 11. Auflage, Werner Verlag

(17)   KAPELLMANN/SCHIFFERS: Vergütung, Nachträge und Behinderungsfolgen beim Bauvertrag, Band 1 – Einheitspreisvertrag, 4. Auflage, Werner Verlag

(18)   KAPELLMANN/SCHIFFERS: Vergütung,   Nachträge   und
       Behinderungsfolgen beim Bauvertrag, Band 2 – Pauschalvertrag
       einschließlich Schlüsselfertigbau, 3. Auflage, Werner Verlag

(19)   KOSANKE: Der Schadensnachweis nach § 6 Nr. 6 VOB/B aus
       baubetrieblicher Sicht, TU - Berlin

(20)   LEINEMANN: Die Bezahlung der Bauleistung, 2. Auflage, Carl
       Heymanns Verlag

(21)   NAGEL: Zahlungsforderungen sichern und durchsetzen, 1. Auflage,
       Bauwerk Verlag

(22)   NICKLISCH/WEICK: VOB Teil B Kommentar, 3. Auflage, Verlag
       C.H. Beck

(23)   SCHERER: Nachtragsmanagement 2, Zeittechnik – Verlag GmbH

(24)   PLUM: Sachgerechter   und   prozessorientierter   Nachweis   von
       Behinderungen und Behinderungsfolgen beim VOB – Vertrag, 1.
       Auflage, Werner Verlag

(25)   STEIGER: Neuerungen in der VOB/B 2002 – Vergütung und
       Nachträge, Seminarunterlage zum Baurechtsseminar am 25. April
       2003, Referent Rechtsanwalt Thomas Steiger, Staufen

(26)   STOHLMANN: Die 20 „Todsünden" bei der Abwicklung von
       Bauverträgen, 5. erweiterte Auflage, Verlaganstalt Handwerk GmbH

(27)   VYGEN: Bauvertragsrecht nach VOB, 3. Auflage, Werner Verlag

(28)   VYGEN: Rechte und Pflichten der Bauleiter – Nachtragangebote,
       Seminarunterlage zum Baurechtseminar am 19.04.2002, Referent
       Prof. Dr. jur. Klaus Vygen

(29)   WERNER/PASTOR: Der Bauprozess, 7. Auflage, Werner Verlag

(30)   WERNER/PASTOR/MÜLLER: Baurecht von A-Z, 6. Auflage, Verlag
       Rudolf Müller

(31)   WIRTH: Handbuch zur Vertragsgestaltung, Vertragsabwicklung und
       Prozessführung im privaten und öffentlichen Baurecht, Werner
       Verlag

(32)   WIRTH: Tagungshandbuch   Kalksandstein-Vortragsreihe   2003,
       Schuldrechtsreform 2002 und VOB 2002, Verein Süddeutscher
       Kalksandsteinwerke e.V.

Auszüge aus dem Bürgerlichen Gesetzbuch (BGB)

Willenserklärung

§ 119 Anfechtbarkeit wegen Irrtums

(1) Wer bei der Abgabe einer Willenserklärung über deren Inhalt im Irrtum war oder eine Erklärung dieses Inhalts überhaupt nicht abgeben wollte, kann die Erklärung anfechten, wenn anzunehmen ist, dass er sie bei Kenntnis der Sachlage und bei verständiger Würdigung des Falles nicht abgegeben haben würde.

(2) Als Irrtum über den Inhalt der Erklärung gilt auch der Irrtum über solche Eigenschaften der Person oder der Sache, die im Verkehr als wesentlich angesehen werden.

§ 121 Anfechtungsfrist

(1) Die Anfechtung muss in den Fällen der §§ 119, 120 ohne schuldhaftes Zögern (unverzüglich) erfolgen, nachdem der Anfechtungsberechtigte von dem Anfechtungsgrund Kenntnis erlangt hat. Die einem Abwesenden gegenüber erfolgte Anfechtung gilt als rechtzeitig erfolgt, wenn die Anfechtungserklärung unverzüglich abgesendet worden ist.

(2) Die Anfechtung ist ausgeschlossen, wenn seit der Abgabe der Willenserklärung zehn Jahre verstrichen sind.

§ 138 Sittenwidriges Rechtsgeschäft; Wucher

(1) Ein Rechtsgeschäft, das gegen die guten Sitten verstößt, ist nichtig.

(2) Nichtig ist insbesondere ein Rechtsgeschäft, durch das jemand unter Ausbeutung der Zwangslage, der Unerfahrenheit, des Mangels an Urteilsvermögen oder der erheblichen Willensschwäche eines anderen sich oder einem Dritten für eine Leistung Vermögensvorteile versprechen oder gewähren lässt, die in einem auffälligen Missverhältnis zu der Leistung stehen.

Vertretung und Vollmacht

§ 177 Vertragsschluss durch Vertreter ohne Vertretungsmacht

(1) Schließt jemand ohne Vertretungsmacht im Namen eines anderen einen Vertrag, so hängt die Wirksamkeit des Vertrags für und gegen den Vertretenen von dessen Genehmigung ab.

(2) Fordert der andere Teil den Vertretenen zur Erklärung über die Genehmigung auf, so kann die Erklärung nur ihm gegenüber erfolgen; eine vor der Aufforderung dem Vertreter gegenüber erklärte Genehmigung oder Verweigerung der Genehmigung wird unwirksam. Die Genehmigung kann nur bis zum Ablauf von zwei Wochen nach dem Empfang der Aufforderung erklärt werden; wird sie nicht erklärt, so gilt sie als verweigert.

§ 179 Haftung des Vertreters ohne Vertretungsmacht

(1) Wer als Vertreter einen Vertrag geschlossen hat, ist, sofern er nicht seine Vertretungsmacht nachweist, dem anderen Teil nach dessen Wahl zur Erfüllung oder zum Schadensersatz verpflichtet, wenn der Vertretene die Genehmigung des Vertrags verweigert.

(2) Hat der Vertreter den Mangel der Vertretungsmacht nicht gekannt, so ist er nur zum Ersatz desjenigen Schadens verpflichtet, welchen der andere Teil dadurch erleidet, dass er auf die Vertretungsmacht vertraut, jedoch nicht über den Betrag des Interesses hinaus, welches der andere Teil an der Wirksamkeit des Vertrags hat.

(3) Der Vertreter haftet nicht, wenn der andere Teil den Mangel der Vertretungsmacht kannte oder kennen musste. Der Vertreter haftet auch dann nicht, wenn er in der Geschäftsfähigkeit beschränkt war, es sei denn, dass er mit Zustimmung seines gesetzlichen Vertreters gehandelt hat.

Fristen, Termine

§ 187 Fristbeginn

1) Ist für den Anfang einer Frist ein Ereignis oder ein in den Lauf eines Tages fallender Zeitpunkt maßgebend, so wird bei der Berechnung der Frist der Tag nicht mitgerechnet, in welchen das Ereignis oder der Zeitpunkt fällt.

(2) Ist der Beginn eines Tages der für den Anfang einer Frist maßgebende Zeitpunkt, so wird dieser Tag bei der Berechnung der Frist mitgerechnet. Das Gleiche gilt von dem Tag der Geburt bei der Berechnung des Lebensalters.

§ 188 Fristende

(1) Eine nach Tagen bestimmte Frist endigt mit dem Ablauf des letzten Tages der Frist.

(2) Eine Frist, die nach Wochen, nach Monaten oder nach einem mehrere Monate umfassenden Zeitraum - Jahr, halbes Jahr, Vierteljahr - bestimmt ist, endigt im Falle des § 187 Abs. 1 mit dem Ablauf desjenigen Tages der letzten Woche oder des letzten Monats, welcher durch seine Benennung oder seine Zahl dem Tag entspricht, in den das Ereignis oder der Zeitpunkt fällt, im Falle des § 187 Abs. 2 mit dem Ablauf desjenigen Tages der letzten Woche oder des letzten Monats, welcher dem Tage vorhergeht, der durch seine Benennung oder seine Zahl dem Anfangstag der Frist entspricht.

(3) Fehlt bei einer nach Monaten bestimmten Frist in dem letzten Monat der für ihren Ablauf maßgebende Tag, so endigt die Frist mit dem Ablauf des letzten Tages dieses Monats.

Verpflichtung zur Leistung

§ 241 Pflichten aus dem Schuldverhältnis

(1) Kraft des Schuldverhältnisses ist der Gläubiger berechtigt, von dem Schuldner eine Leistung zu fordern. Die Leistung kann auch in einem Unterlassen bestehen.

(2) Das Schuldverhältnis kann nach seinem Inhalt jeden Teil zur Rücksicht auf die Rechte, Rechtsgüter und Interessen des anderen Teils verpflichten.

§ 242 Leistung nach Treu und Glauben

Der Schuldner ist verpflichtet, die Leistung so zu bewirken, wie Treu und Glauben mit Rücksicht auf die Verkehrssitte es erfordern.

§ 249 Art und Umfang des Schadensersatzes

(1) Wer zum Schadensersatz verpflichtet ist, hat den Zustand herzustellen, der bestehen würde, wenn der zum Ersatz verpflichtende Umstand nicht eingetreten wäre.

(2) Ist wegen Verletzung einer Person oder wegen Beschädigung einer Sache Schadensersatz zu leisten, so kann der Gläubiger statt der Herstellung den dazu erforderlichen Geldbetrag verlangen. Bei der Beschädigung einer Sache schließt der nach Satz 1 erforderliche Geldbetrag die Umsatzsteuer nur mit ein, wenn und soweit sie tatsächlich angefallen ist.

§ 254 Mitverschulden

(1) Hat bei der Entstehung des Schadens ein Verschulden des Beschädigten mitgewirkt, so hängt die Verpflichtung zum Ersatz sowie der Umfang des zu leistenden Ersatzes von den Umständen, insbesondere davon ab, inwieweit der Schaden vorwiegend von dem einen oder dem anderen Teil verursacht worden ist.

(2) Dies gilt auch dann, wenn sich das Verschulden des Beschädigten darauf beschränkt, dass er unterlassen hat, den Schuldner auf die Gefahr eines ungewöhnlich hohen Schadens aufmerksam zu machen, die der Schuldner weder kannte noch kennen musste, oder dass er unterlassen hat, den Schaden abzuwenden oder zu mindern. Die Vorschrift des § 278 findet entsprechende Anwendung.

§ 276 Verantwortlichkeit des Schuldners

(1) Der Schuldner hat Vorsatz und Fahrlässigkeit zu vertreten, wenn eine strengere oder mildere Haftung weder bestimmt noch aus dem sonstigen Inhalt des Schuldverhältnisses, insbesondere aus der Übernahme einer Garantie oder eines Beschaffungsrisikos zu entnehmen ist. Die Vorschriften der §§ 827 und 828 finden entsprechende Anwendung.

(2) Fahrlässig handelt, wer die im Verkehr erforderliche Sorgfalt außer Acht lässt.

(3) Die Haftung wegen Vorsatzes kann dem Schuldner nicht im Voraus erlassen werden.

Gestaltung rechtsgeschäftlicher Schuldverhältnisse durch Allgemeine Geschäftsbedingungen

§ 305 Einbeziehung Allgemeiner Geschäftsbedingungen in den Vertrag

(1) Allgemeine Geschäftsbedingungen sind alle für eine Vielzahl von Verträgen vorformulierten Vertragsbedingungen, die eine Vertragspartei (Verwender) der anderen Vertragspartei bei Abschluss eines Vertrags stellt. Gleichgültig ist, ob die Bestimmungen einen äußerlich gesonderten Bestandteil des Vertrags bilden oder in die Vertragsurkunde selbst aufgenommen werden, welchen Umfang sie haben, in welcher Schriftart sie verfasst sind und welche Form der Vertrag hat. Allgemeine Geschäftsbedingungen liegen nicht vor, soweit die Vertragsbedingungen zwischen den Vertragsparteien im Einzelnen ausgehandelt sind.

(2) Allgemeine Geschäftsbedingungen werden nur dann Bestandteil eines Vertrags, wenn der Verwender bei Vertragsschluss

1. die andere Vertragspartei ausdrücklich oder, wenn ein ausdrücklicher Hinweis wegen der Art des Vertragsschlusses nur unter unverhältnismäßigen Schwierigkeiten möglich ist, durch deutlich sichtbaren Aushang am Ort des Vertragsschlusses auf sie hinweist und

2. der anderen Vertragspartei die Möglichkeit verschafft, in zumutbarer Weise, die auch eine für den Verwender erkennbare körperliche Behinderung der anderen Vertragspartei angemessen berücksichtigt, von ihrem Inhalt Kenntnis zu nehmen,

und wenn die andere Vertragspartei mit ihrer Geltung einverstanden ist.

(3) Die Vertragsparteien können für eine bestimmte Art von Rechtsgeschäften die Geltung bestimmter Allgemeiner Geschäftsbedingungen unter Beachtung der in Absatz 2 bezeichneten Erfordernisse im Voraus vereinbaren.

§ 306 Rechtsfolge bei Nichteinbeziehung und Unwirksamkeit

(1) Sind Allgemeine Geschäftsbedingungen ganz oder teilweise nicht Vertragsbestandteil geworden oder unwirksam, so bleibt der Vertrag im Übrigen wirksam.

(2) Soweit die Bestimmungen nicht Vertragsbestandteil geworden oder unwirksam sind, richtet sich der Inhalt des Vertrags nach den gesetzlichen Vorschriften.

(3) Der Vertrag ist unwirksam, wenn das Festhalten an ihm auch unter Berücksichtigung der nach Absatz 2 vorgesehenen Änderung eine unzumutbare Härte für eine Vertragspartei darstellen würde.

§ 307 Abs. 1 und 2 Inhaltskontrolle

(1) Bestimmungen in Allgemeinen Geschäftsbedingungen sind unwirksam, wenn sie den Vertragspartner des Verwenders entgegen den Geboten von Treu und Glauben unangemessen benachteiligen. Eine unangemessene Benachteiligung kann sich auch daraus ergeben, dass die Bestimmung nicht klar und verständlich ist.

(2) Eine unangemessene Benachteiligung ist im Zweifel anzunehmen, wenn eine Bestimmung

1. mit wesentlichen Grundgedanken der gesetzlichen Regelung, von der abgewichen wird, nicht zu vereinbaren ist oder

2. wesentliche Rechte oder Pflichten, die sich aus der Natur des Vertrags ergeben, so einschränkt, dass die Erreichung des Vertragszwecks gefährdet ist.

Schuldverhältnisse aus Verträgen

§ 311 Abs. 2 Rechtsgeschäftliche und rechtsgeschäftsähnliche Schuldverhältnisse

(2) Ein Schuldverhältnis mit Pflichten nach § 241 Abs. 2 entsteht auch durch

1. die Aufnahme von Vertragsverhandlungen,
2. die Anbahnung eines Vertrags, bei welcher der eine Teil im Hinblick auf eine etwaige rechtsgeschäftliche Beziehung dem anderen Teil die Möglichkeit zur Einwirkung auf seine Rechte, Rechtsgüter und Interessen gewährt oder ihm diese anvertraut, oder
3. ähnliche geschäftliche Kontakte.

Werkvertrag und ähnliche Verträge

§ 631 Vertragstypische Pflichten beim Werkvertrag

(1) Durch den Werkvertrag wird der Unternehmer zur Herstellung des versprochenen Werkes, der Besteller zur Entrichtung der vereinbarten Vergütung verpflichtet.

(2) Gegenstand des Werkvertrags kann sowohl die Herstellung oder Veränderung einer Sache als auch ein anderer durch Arbeit oder Dienstleistung herbeizuführender Erfolg sein.

§ 632 Vergütung

(1) Eine Vergütung gilt als stillschweigend vereinbart, wenn die Herstellung des Werkes den Umständen nach nur gegen eine Vergütung zu erwarten ist.

(2) Ist die Höhe der Vergütung nicht bestimmt, so ist bei dem Bestehen einer Taxe die taxmäßige Vergütung, in Ermangelung einer Taxe die übliche Vergütung als vereinbart anzusehen.

(3) Ein Kostenanschlag ist im Zweifel nicht zu vergüten.

§ 635 Nacherfüllung

(1) Verlangt der Besteller Nacherfüllung, so kann der Unternehmer nach seiner Wahl den Mangel beseitigen oder ein neues Werk herstellen.

(2) Der Unternehmer hat die zum Zwecke der Nacherfüllung erforderlichen Aufwendungen, insbesondere Transport-Wege-, Arbeits- und Materialkosten zu tragen.

(3) Der Unternehmer kann die Nacherfüllung unbeschadet des § 275 Abs. 2 und 3 verweigern, wenn sie nur mit unverhältnismäßigen Kosten möglich ist.

(4) Stellt der Unternehmer ein neues Werk her, so kann er vom Besteller Rückgewähr des mangelhaften Werks nach Maßgabe der §§ 346 bis 348 verlangen.

§ 641 Fälligkeit der Vergütung

(1) Die Vergütung ist bei der Abnahme des Werkes zu entrichten. Ist das Werk in Teilen abzunehmen und die Vergütung für die einzelnen Teile bestimmt, so ist die Vergütung für jeden Teil bei dessen Abnahme zu entrichten.

(2) Die Vergütung des Unternehmers für ein Werk, dessen Herstellung der Besteller einem Dritten versprochen hat, wird spätestens fällig, wenn und soweit der Besteller von dem Dritten für das versprochene Werk wegen dessen Herstellung seine Vergütung oder Teile davon erhalten hat. Hat der Besteller dem Dritten wegen möglicher Mängel des Werkes Sicherheit geleistet, gilt dies nur, wenn der Unternehmer dem Besteller Sicherheit in entsprechender Höhe leistet.

(3) Kann der Besteller die Beseitigung eines Mangels verlangen, so kann er nach der Abnahme die Zahlung eines angemessenen Teils der Vergütung verweigern, mindestens in Höhe des Dreifachen der für die Beseitigung des Mangels erforderlichen Kosten.

(4) Eine in Geld festgesetzte Vergütung hat der Besteller von der Abnahme des Werkes an zu verzinsen, sofern nicht die Vergütung gestundet ist.

§ 642 Mitwirkung des Bestellers

(1) Ist bei der Herstellung des Werkes eine Handlung des Bestellers erforderlich, so kann der Unternehmer, wenn der Besteller durch das Unterlassen der Handlung in Verzug der Annahme kommt, eine angemessene Entschädigung verlangen.

(2) Die Höhe der Entschädigung bestimmt sich einerseits nach der Dauer des Verzugs und der Höhe der vereinbarten Vergütung, andererseits nach demjenigen, was der Unternehmer infolge des Verzugs an Aufwendungen erspart oder durch anderweitige Verwendung seiner Arbeitskraft erwerben kann.

§649 Kündigungsrecht des Bestellers

Der Besteller kann bis zur Vollendung des Werkes jederzeit den Vertrag kündigen. Kündigt der Besteller, so ist der Unternehmer berechtigt, die vereinbarte Vergütung zu verlangen; er muss sich jedoch dasjenige anrechnen lassen, was er infolge der Aufhebung des Vertrags an Aufwendungen erspart oder durch anderweitige Verwendung seiner Arbeitskraft erwirbt oder zu erwerben böswillig unterlässt.

<u>Geschäftsführung ohne Auftrag</u>

§ 677 Pflichten des Geschäftsführers

Wer ein Geschäft für einen anderen besorgt, ohne von ihm beauftragt oder ihm gegenüber sonst dazu berechtigt zu sein, hat das Geschäft so zu führen, wie das Interesse des Geschäftsherrn mit Rücksicht auf dessen wirklichen oder mutmaßlichen Willen es erfordert.

§ 678 Geschäftsführung gegen den Willen des Geschäftsherrn

Steht die Übernahme der Geschäftsführung mit dem wirklichen oder dem mutmaßlichen Willen des Geschäftsherrn in Widerspruch und musste der Geschäftsführer dies erkennen, so ist er dem Geschäftsherrn zum Ersatz des aus der Geschäftsführung entstehenden Schadens auch dann verpflichtet, wenn ihm ein sonstiges Verschulden nicht zur Last fällt.

§ 680 Geschäftsführung zur Gefahrenabwehr

Bezweckt die Geschäftsführung die Abwendung einer dem Geschäftsherrn drohenden dringenden Gefahr, so hat der Geschäftsführer nur Vorsatz und grobe Fahrlässigkeit zu vertreten.

§ 681 Nebenpflichten des Geschäftsführers

Der Geschäftsführer hat die Übernahme der Geschäftsführung, sobald es tunlich ist, dem Geschäftsherrn anzuzeigen und, wenn nicht mit dem Aufschub Gefahr verbunden ist, dessen Entschließung abzuwarten. Im Übrigen finden auf die Verpflichtungen des Geschäftsführers die für einen Beauftragten geltenden Vorschriften der §§ 666 bis 668 entsprechende Anwendung.

§ 683 Ersatz von Aufwendungen

Entspricht die Übernahme der Geschäftsführung dem Interesse und dem wirklichen oder dem mutmaßlichen Willen des Geschäftsherrn, so kann der Geschäftsführer wie ein Beauftragter Ersatz seiner Aufwendungen verlangen. In den Fällen des § 679 steht dieser Anspruch dem Geschäftsführer zu, auch wenn die Übernahme der Geschäftsführung mit dem Willen des Geschäftsherrn in Widerspruch steht.